JN196755

いとしの猫図鑑

山本宗伸 監修 イデタカコ 絵

ナツメ社

猫の色柄の図鑑

猫の
コミュニケーション図鑑 … 162

【参考文献】
『現役獣医師が猫のホンネから不調の原因
までを解説！ 家ねこ大全285』
藤井康一・著／KADOKAWA
『ネコの心理』今泉忠明監修／ナツメ社
『ネコの心理学 愛猫の気持ちが
もっとわかる！』武内ゆかり監修／西東社
『ネコの本音』今泉忠明監修／ナツメ社
『ネコペディア〜猫のギモンを解決〜』
山本宗伸著／SHI
『決定版 まるごとわかる 猫種大図鑑』
早田由貴子監修／Gakken

猫の愛しいポーズ図鑑

猫はかわいいだけではありません。
びっくりするような行動に驚かされたり、
変なポーズで笑わせてくれたり、さまざま。
かわいいも、おかしなところも含めて、
猫の愛しいと思えるところだけをギュッと集めました。

ただゴロンと
寝ころんでいるだけで
かわいい

「なぜ猫はかわいいのか？」、それは愚問です。もう存在そのものがかわいいんですから。ゴロンと寝ころんでいるだけだって、うんち中だって、何をしていたって、いいものはいい。我々のハートは、いとも簡単にわしづかみにされてしまうのです。だから見るだけで幸せ（触らせてくれるとなお◎）。

猫背だって
愛らしい
後ろ姿

　猫は座っているとき、猫背に
なります。顔がかわいらしいので、
ついつい前からのアングルに目
を奪われがちですが、後ろ姿の
猫背も見逃せないポイントだと
は思いませんか？　こんもりと
丸まったこの背中、そしてふか
ふかの後頭部。思わず手を伸ば
したくなります。

金メダル級？
驚異のジャンプ力！

　猫のジャンプ力はかなりのもので、体長の5倍近く飛べると言います。猫に触られたくないものを高い棚の上に避難させておいたのに、驚異のジャンプ力でよじ登られた……、なんて経験をした人もいるのでは？

子猫時代は
まるで天使

　猫は大人になってもかわいいのですが、子猫時代もまた格別。小さな体に、フワフワの被毛、よちよちした動き……、愛らしいところは枚挙にいとまがありません。子どもは遊ぶのが仕事と言いますが、猫も同じ。子猫時代のきょうだいとの遊びで、体づくりやコミュニケーション能力を培います。その遊び好きで無邪気なところも、たまらないのです。

伸び伸び伸び〜

　猫の伸びには種類があって、お尻を上げて前足を前に伸ばして伸び〜、体を前にかたむけて後ろ足を伸び〜、背中を丸めて伸び〜、などなど。3つ目の背中の伸びは、ヨガの「猫のポーズ」としてもおなじみですね。どの姿勢のときも、猫たちは気持ちよさそうです。

どうしてそんな
寝方になるの？

猫の寝相は気温や警戒度によって、ルールがあります(p.152)。とはいえ、猫の寝姿は個性豊か。猫によってはとんでもない格好で寝てしまっている子も。でも、猫があられもない姿で気持ちよさそうに寝ていたら、我々としては抜き足差し足で近づいてパシャリ！と撮らせていただくのが常識ですよね？

きれいなまんマル！
見事なアンモニャイト

太古の昔に生きた海洋生物アンモナイトが家のなかで発見⁉　いいえ、それはモフモフとした「アンモニャイト」です。体をくるんと丸くして眠る猫の姿を、太古の生物になぞらえてそう呼ぶのです。「ニャンモナイト」と言うことも。

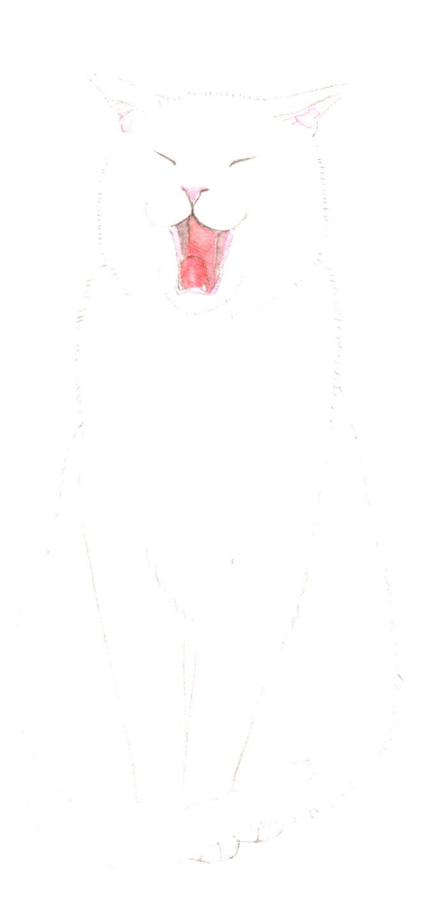

見ているこちらも
幸せになる
猫のあくび

　大口を開けた豪快なあくび姿。
なんとも気持ちよさそうですが、
猫のことをしかっているときにも
やりません？　実は猫は緊張やス
トレスを感じたときにも、気持ち
を落ち着かせようとあくびをしま
す。怒られている不安を、あくび
で解消しようとしているんですよ。

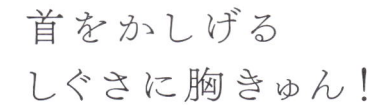

首をかしげる
しぐさに胸きゅん！

　ふと見ると猫が首をかしげている、なんてかわいい……、なんてあざとい……！　と思うかもしれませんが、猫としてはよ〜く音を聞くための行動。耳の角度を変えて、音の発生源を探しているんですね。知らない猫同士が出会ったとき、敵意を見せないためという説も。

猫様は
とってもきれい好き

しょっちゅう毛づくろいをする猫ですが、毛づくろいには
目的がいろいろあるのです。体をきれいに保つことはもちろん、
自分のにおいをつけてリラックス、体温調整や愛情表現な
どの場合も。多目的だから、ずっとしているように見えるの
であります。……と能書きを垂れたものの、毛づくろい中の
至福の表情って、ただただかわいいですよね！

毛づくろいと一口に言っても、バリエーションはさまざま。足や顔、おなかやしっぽなど、場所を変えポーズを変え、器用に丁寧に仕上げていきます。そして毛づくろいを終えて顔をあげると、あら？　舌がペロリと出たままに。見られたら、ちょっとうれしい瞬間です。

毛づくろいのあと
舌をしまい忘れることも…

好きなおもちゃで

　猫の好きなおもちゃや遊び方は、猫それぞれ。好みは猫の数だけありますが、その好みにバッチリハマったら、もう猫まっしぐら！　大興奮する猫をニコニコ見守るのも楽しいのですが、ここはシャッターチャンス。ぜひ写真におさめましょう。おもちゃを必死に追いかける、決定的瞬間が撮れるはず。

大ハッスル！

ときには強烈？

でも愛らしい
猫パンチ

まるでボクシングのジャブのように、シュッシュッと前足を出す猫パンチ。猫同士のケンカの、最初の一手です。飼い主さんを遊びに誘うためにやる猫もいます。軽いパンチが多いものの、たまに、しっかり痛いことも……。それでも、必死な姿にキュンとしちゃうんですよねぇ。

猫のからだの
解剖図鑑

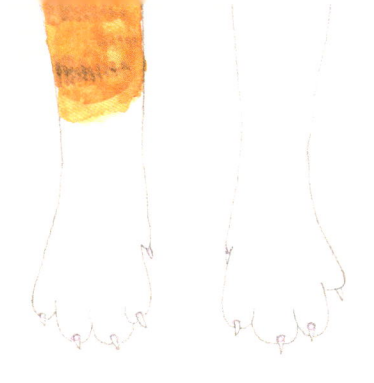

猫好きならば、誰しも好きな体のパーツがあるはず。
定番の肉球やしっぽ?
または鼻や牙が好きなんて方もいるのでは。
そんな愛してやまない各パーツの基本情報を
紹介していきます。

耳 (p.40)

目 (p.41)

口 (p.43)

"かわいい"が
いっぱい詰まっている！

猫のからだ

猫のかうだをパーツごとに紹介します。
あなたはどのパーツ好き？

マズル (p.39)

ひげ (p.39)

鼻 (p.43)

牙・歯 (p.43)

肉球 (p.37)

体型

猫の体型は大きさや骨格などにより、大きく6タイプあります。

- オリエンタル ……………………… ほっそりモデル体型
- フォーリン ………………………… 細マッチョ
- セミフォーリン …………………… フォーリンよりややがっしり
- セミコビー ………………………… 筋肉質のがっしり系
- コビー ……………………………… 丸顔ずんぐり系
- ロング＆サブスタンシャル … 骨太な大型

被毛

短毛、長毛、巻き毛、無毛など、被毛タイプはさまざま。多くの猫は表面を覆うオーバーコートと肌に密着しているアンダーコートをもっていて、春や秋には毛が生え替わります。抜け毛が部屋を舞う光景は、換毛期の風物詩？

しっぽ (p.38)

足・爪 (p.36)

おなか

おなかから後ろ足にかけてのたるみもかわいいポイント。「ルーズスキン」と呼ばれ、柔軟な動きや急所を守るため（嚙まれてもたるみで内臓をカバー）に発達したものです。触り心地がよさそうですが、おなかは急所なので嫌がる猫が多いかも。

足・爪

野生を隠しもつ萌えパーツ

　丸くてふわふわ、クリームパンみたいと人気のパーツですが、なかには鋭い爪をしっかり装備。攻撃をするとき、高い場所に登るときにはシャキーンと爪を出します。前足の指は5本、後ろ足の指は4本。後ろ足の指が1本少ないのは、親指が退化しているためです。

それは猫の多機能クッション

　かわいい肉球も、猫にとってはハンター装備の
ひとつ。ぷにぷにのクッションは高いところから
飛び降りたときの衝撃を吸収し、足音も立てずに
獲物に忍び寄ります。汗がにじめば滑り止めにも
なる優れもの。おまけに、そのかわいらしさで人
もとりこにしてしまいます。

肉球

\ 長いしっぽ /

\ 短いしっぽ /

\ カギしっぽ /

\ ほうきしっぽ /

\ ペンライトテイル /

しっぽ

1本3役の大事なパーツ

　長いしっぽ、短いしっぽ、曲がったカギしっぽ、形はさまざまですが、役割はみんな同じ。「バランスをとる」、「感情表現」、「マーキング」の3つを担うパーツです。自在に動かせて、しっぽの先まで神経が通っています。長毛種のふさふさな「ほうきしっぽ」、先端が白い「ペンライトテイル」などの種類も。

マズル

触りたくても触れない? ぷっくり口元

　マズルとは、鼻先からあごにかけての、口元の
ぷっくりした部分のこと。とくにひげが生えてい
る「ω」部分は「ウィスカーパッド」と言い、猫
のチャームポイントです。ひげを支えるウィス
カーパッドは、神経が集中しているのでとても
敏感。いくらかわいくても無理矢理触るのは NG
です。

ひげ

実は全身にある高感度センサー

　猫のひげは、空気のかすかな動きも感知する、
優秀な感覚器。障害物や獲物の動きを察知できる
ので、暗い場所でもするする動けます。実は、顔
周り以外にも体のあちこちに生えていて、その
総数は 50 ～ 60 本。定期的に生え替わりますが、
抜けたひげはラッキーアイテムとして、保管する
飼い主も。

耳

驚異の音源探知器

　猫の大きな耳には20以上もの筋肉があり、右へ左へ、反ったり伏せたり、自在に動かすことができます。何を隠そう、猫の感覚器のなかでもっとも発達しているのが聴覚で、高音を聞き取れる範囲は人の3倍。音の出る方へ耳を向けて、音源の位置まで特定できるのです。約20m先のネズミの鳴き声もわかるとか。

さくら猫

片方の耳先がカットされているのは、外で暮らす猫が不妊・去勢手術を受けた印。さくらの花びらに形が似ていることから「さくら猫」「さくら耳」と呼ばれます。

目

くるくる変わる目の表情にくぎづけ

目の色は、その猫がもつメラニン色素の量によって変わります。メラニン色素が少なければブルー系、多ければグリーン系、もっと多い場合はイエロー系に。左右の目でメラニン色素量が異なるとオッドアイに。さらに明るさや感情で瞳孔の大きさが変わるので、さまざまな表情を見せてくれます。

イエロー　　　　　グリーン

ブルー　　　　　オッドアイ

暗い場所　　　　　明るい場所

42

鼻

においの嗅ぎ分けならおまかせ

　ちょこんと控えめな猫の鼻は、遠くのにおいを嗅ぎ取るよりも、においの嗅ぎ分けのほうが得意。気になるものがあるとググッと鼻を近づけて、湿った鼻ににおい分子を吸着。食べものの状態やほかの猫の情報などを嗅ぎ分けています。また、温度センサーとしての役割も。

鼻ペチャ

エキゾチックやペルシャなど
鼻ペチャの猫種もいます。

口

グルメではないけれど…

　猫の口はものを食べること以外にも、舌を使って毛並みを整えたり、ものをくわえて運んだりとさまざまな用途に使います。だからでしょうか。味覚に関してはかなり大雑把。肉の劣化や毒を感知するための酸味、苦味、そして塩味は感じますが、砂糖の甘味はほとんど感じないようです。

牙・歯

口のなかはワイルドな肉食仕様

　猫の歯は乳歯のときは26本、生後5〜6か月で生え替わり、永久歯は30本になります。人のように咀嚼（そしゃく）する歯はなく、仕留める（犬歯（けん））、むしる（切歯（せっし））、噛みちぎる（臼歯（きゅうし））という、早狩り早食いに特化した歯。ちなみに、まれにしか見つからない抜けた乳歯は「幸運の証（あかし）」と呼ばれています。

猫の種類の図鑑

猫の品種の種類は認定団体などによって差はありますが、
およそ50以上、未公認の品種も入れれば
100を超えるとも言われます。
そのなかから代表的な品種を紹介していきましょう。

※毛色のデータは『決定版 まるごと
わかる 猫種大図鑑』(Gakken) をも
とに作成しました。品種によって毛
色の呼び方が異なる場合もあります。

アビシニアン

— *Abyssinian* —

黄金の被毛をまとったバレエキャット

　細マッチョなスレンダーボディに、小さな顔、アーモンド型の大きな目。抜群のスタイルをもつアビシニアンは、猫界のモデルか、はたまたバレリーナか。スタイルのよさをさらに際立たせているのが、ティックドコートと呼ばれる被毛。1本の毛に3〜4色の濃淡があるため、とてもつややかで動くたび輝きを放ちます。クールな容姿とは裏腹に、性格は人なつっこく好奇心旺盛。そのギャップも魅力のひとつです。ルーツは諸説あり、古代エジプト説（クレオパトラの飼い猫とも！）、エチオピア説、東南アジア説も。

毛種	短毛種
原産国	エジプト
体重	3〜5kg
毛色	ルディ／レッド／ブルー／ フォーン

アメリカン
ショートヘア

— *American Shorthair* —

陽気でたくましいワーキング・キャット

　アメリカンショートヘアの歴史は、1620 年、イギリスから北アメリカへ移民と共に渡ってきた猫が始まりです。未開の厳しい自然のなかでネズミを狩るワーキング・キャットとして生きてきただけあり、気候の変化にも負けない厚い被毛と筋骨隆々のたくましい体のもち主。ハンターとしての資質を備えながらも、人と暮らすなかで温厚な性質が選ばれてきたため、愛嬌たっぷり、ほかの動物とも仲よくできる協調性もあります。まさに家猫の鏡のような存在です。

毛種	短毛種
原産国	アメリカ
体重	3.5〜7kg
毛色	ブラック／ホワイト／レッド／ブルー／クリーム

色も模様もいろいろな
アメショワールド

　シルバーの毛色に黒の渦巻き模様、そして額のM字。アメリカンショートヘアと言えば、このようなシルバータビーが有名ですが、実は模様も色も多種多様。ネズミハンターとしての能力を高めるためにさまざまな種類の猫と交配してきた結果、多様な色と柄、さらには遺伝的病気の少ない丈夫な体を手に入れたのです。タビー柄以外でも白や黒の単色や2色のバイカラーなど、80以上ものパターンが認定されています。

茶系に黒いしま模様の
ブラウンタビー柄。

三毛猫に似た
シルバーパッチドタビー＆ホワイト。

赤みのある茶色のレッドタビー。
額にはＭ字のような模様が。

エキゾチック

—— *Exotic* ——

ペルシャが長いコートを脱いだら…

　長毛種のペルシャと短毛種のバーミーズの親から、偶然誕生した丸顔の愛らしい短毛種。それがエキゾチックの始まりです。その後、人工的交配により、短毛ながらペルシャの体型と穏やかな性格を受け継いだ猫種が誕生しました。ペルシャにくらべ被毛のお手入れが楽なことから「怠け者用のペルシャ」「パジャマ姿のペルシャ」などと呼ばれたりしますが、アンダーコートに厚みがあるので、手触りはふっくらモフモフ。愛嬌たっぷりな表情が魅力的な猫です。

毛種	短毛種
原産国	アメリカ
体重	3〜6.5kg
毛色	すべての色 ブラック／ホワイト／チョコレート／シナモン／ レッド／ブルー／ライラック／フォーン／クリーム

シャム

—— *Siamese* ——

世界でもっとも知られている純血種

　「シャム」とは、タイ王国のかつての国名「サイアム（Siam）」に由来する名前。国名を背負うこの猫は、タイの王族や貴族のみが飼うことができる猫として、昔から大切にされてきました。顔や足、しっぽなどの先端につくポイントテッドカラー、サファイアブルーの目、しなやかに歩く姿、どこをとっても高貴な雰囲気が漂っています。1800年代後半に世界に知られ、今ではもっともポピュラーな純血種に。とても賢く気難しい反面、甘え坊というお嬢様気質で、よく鳴く猫としても知られています。

毛種 ………… 短毛種
原産国 ……… タイ
体重 ………… 2.5〜5.5kg
毛色 ………… シール（ブラック）／チョコレート／ブルー／ライラック

シンガプーラ

純血種のなかで世界最小の猫

「小さな妖精」と呼ばれるシンガプーラ。元はシンガポールの下水溝で暮らしていたのら猫でしたが、アメリカのブリーダーが保護し、自国で繁殖。1980年代に最小サイズの猫種として認定され、一躍シンガポールを代表する人気猫種となりました。人気の秘密は、いつまでも子猫のようなかわいらしさ。大人になっても体重はたったの3kg前後で、丸い顔に大きな目と耳、甘えん坊で鳴き声も小さいのが特徴です。ただ、小さいながらもボディは意外と筋肉質。アクティブでやんちゃな一面も。

毛種 ………… 短毛種
原産国 ……… シンガポール・アメリカ
体重 ………… 2〜4kg
毛色 ………… セーブル ●

スフィンクス

—— *Sphynx* ——

無毛ならではの魅力満載！

　突然変異で生まれた無毛の猫を人工的に交配。1980 年に品種として認定されました。インパクトのあるルックスですが、うっすら産毛が生えた肌はスエードのような手触りで、ぽんぽこりんのおなかや個性豊かな表情は、無毛だからこそ感じられる魅力。また、陽気で社交的、人の気持ちを察することができる性格のよさも、スフィンクスをより魅力的に見せています。暑さ、寒さには弱く、室温管理やこまめな皮膚のお手入れが必要ですが、手がかかるところにも愛着がわく、不思議な魅力をもつ猫です。

毛種	無毛種
原産国	カナダ
体重	3.5〜7kg
毛色	すべての色

ブラック／ホワイト／チョコレート／シナモン／
レッド／ブルー／ラベンダー／フォーン／クリーム

ブリティッシュ
ショートヘア

イギリスでもっとも古い歴史をもつ猫

　ブリティッシュショートヘアの歴史は古く、約 2000 年前に古代ローマ人がイギリスにもち込んだ猫が始まりと言われています。がっしりした大きな体に、太いしっぽ、ふっくらした顔、イギリス最古の品種にふさわしい貫禄のある佇まいです。性格は賢くのんびりしていますが、長い間、ネズミを狩るワーキング・キャットとして活躍してきた猫なので、人に依存しないたくましさを兼ね備えています。飼い主でも必要以上に触れられるのが苦手。マイペースに過ごしたいタイプが多いようです。

毛種 ―――― 短毛種
原産国 ―――― イギリス
体重 ―――― 4〜8kg
毛色 ―――― ブラック／ホワイト／レッド／
　　　　　　　ブルー／クリーム

ロシアンブルー

— *Russian Blue* —

気品に満ちたロシア生まれの天使

　「アークエンジェルキャット」「ブルーの天使」などの異名をもつロシアンブルー。ブルーグレーの被毛は毛先がシルバーでキラキラと輝きを放ち、エメラルドグリーンの目はまるで宝石のよう。口角が上がった口元は「ロシアンスマイル」と呼ばれ、常に微笑んでいるように見えます。ロシアの土着の猫がルーツとされていますが、その神々しい美しさゆえでしょうか、イギリスのヴィクトリア女王の愛猫が始祖とも、ロシア皇帝に愛された猫とも、さまざまな伝説がささやかれています。

毛種 ………… 短毛種
原産国 ……… ロシア
体重 ………… 3〜5kg
毛色 ………… ブルー ◯

スコティッシュ フォールド

— *Scottish Fold* —

折れ耳、まんまる顔の愛され猫

ぺたんと前に折れた耳が特徴的で、丸い顔に丸い目、体もコロンと丸い、人気種です。1961年、スコットランドの農家で飼われていた「スージー」という折れ耳の猫が、すべてのスコティッシュフォールドの祖先と言われており、スージーが産んだ子猫も折れ耳だったことをきっかけに繁殖が開始されました。しかし、遺伝的疾患が表れることも多く、イギリスでは品種として未公認。アメリカでは異種交配をすることで疾患の発生率が下がったため、公認されています。

毛種 ………… 短毛種・長毛種
原産国 ………… イギリス・スコットランド
体重 ………… 2.5〜6kg
毛色 ………… ブラック／ホワイト／レッド／ブルー／クリーム

耳も被毛もさまざま

　スコティッシュフォールドはバリエーション豊かな品種です。特徴である折れ耳も、完全に折れるのは30％程度で、立ち耳の猫もいれば、少ししか折れていない猫もいてさまざま。被毛

は短毛、長毛、どちらも認められており、長毛よりも少し短い「セミロング」タイプも存在します。色や柄も豊富で、個々のオリジナリティーを感じることができるのも魅力です。

折れ耳の特徴が表れるのは、生後2〜3週間ほど。

マンチカン

一番の特徴は短い足

　短い足でちょこまか動く姿が特徴のマンチカン。短い足では走るのは大変？　いえいえ、足をフル回転させて走る、走る。「猫のスポーツカー」との異名をもつほどです。マンチカンは、1983 年にアメリカのルイジアナ州で発見された短足の猫から交配がスタート。短い足の固定化は健康上の問題が疑われましたが、検査・研究の結果、健康に問題ないことが確認され、1995 年に猫種として公認されました。

毛種 ——— 短毛種・長毛種
原産国 ——— アメリカ
体重 ——— 2.25〜4kg
毛色 ——— すべての色
　　　　　ブラック／ホワイト／チョコレート／シナモン／
　　　　　レッド／ブルー／ライラック／フォーン／クリーム

ノルウェージャンフォレストキャット

— *Norwegian Forest Cat* —

北欧で育ったたくましくも美しい妖精

　ノルウェーの森のなかで生息していたと言われる猫。北欧の厳しい寒さから身を守るために発達した分厚い被毛と大きな体が特徴です。野生を生き抜いてきただけあり、狩猟能力が高く筋肉が発達したたくましい体つきをしていますが、ゴージャスな被毛と澄んだ大きな瞳が神秘的な雰囲気を醸し出し、「森の妖精」と言われるのもうなずける美しさ。大型種のため成長はゆっくりで、成猫になるまでは 3 〜 4 年かかります。

毛種	長毛種
原産国	ノルウェー
体重	3 〜 9kg
毛色	ブラック／ホワイト／シナモン／レッド／ブルー／フォーン／クリーム

ペルシャ

— *Persian* —

長い歴史をもつ純血種の代表格

　1871 年、ロンドンで開かれた世界初のキャットショーから登場。純血種の代表とも言える歴史ある品種ですが、そのルーツは謎に包まれています。「ペルシャ」とは、現在のイランを中心とする西アジア地域の旧名で、そこに生息していた長毛の猫を元に交配が進められたとの説が有力です。16世紀後半からイギリスで改良が進み、19世紀には特性が確立。鼻ペチャのファニーな顔に美しい毛並みを携えたペルシャは、おっとりとした静かな性格も手伝って、「キングオブキャッツ」と呼ばれる人気猫種に。

毛種 ………… 長毛種
原産国 ……… イギリス・アフガニスタン
体重 ………… 3.5〜7kg
毛色 ………… ブラック／ホワイト／チョコレート／
　　　　　　　レッド／ブルー／ライラック／クリーム

バリエーション豊かな模様

　初期のペルシャは、今よりも体や鼻先が長かったようです。鼻先は徐々に鼻ペチャに、被毛はよりゴージャスに、体はより丸みを帯びるよう改良され、現在の姿に。毛色は、白い毛で毛先が黒いチンチラシルバーや、茶色の毛で

特長的な顔つきは
子猫時代から健在。

白・黒・茶の三毛柄の
ペルシャもいます。

毛先が黒いチンチラゴールドが有名で
すが、ブラックやクリームなどの単色
のほか、タビー、キャリコ（三毛）な
どの模様もバリエーション豊か。公認
されているだけでも100種類以上も
の色柄が存在します。

メインクーン

― Maine Coon ―

アライグマと勘違い!? 純血種最大の猫

　名前を直訳すると「メイン州のアライグマ」。猫とアライグマとの混血という伝説から名づけられましたが、もちろんそれは事実無根です。アメリカ土着の短毛種とヨーロッパから渡ってきた長毛種が交配した自然発生種と考えられています。メイン州の寒暖差の激しい自然を生き抜くなかで、大きくて丈夫な体とアライグマのようなふさふさの被毛を手に入れました。純血種のなかで体はもっとも大きくハンティング能力も抜群ですが、性格は温厚、環境やほかの動物にもなれやすい猫種です。

毛種	————	長毛種
原産国	————	アメリカ
体重	————	4〜10kg
毛色	————	ブラック／ホワイト／レッド／ブルー／クリーム

ラグドール

— *Ragdoll* —

癒し系のぬいぐるみ型猫

　美しいブルーの瞳に手触りのよい被毛、抱き上げると力を抜いて体をあずけてくる、まさにラグドール（人形）のような猫種。1960年代、たまたま拾ったシールポイント（顔の中央が黒っぽい）の長毛種に魅了されたブリーダーが、その猫を理想として作り出しました。白いペルシャとシールポイントのバーマン、バーミーズなどの血が入っています。活動的というよりは、おおらかでのんびり。ずっと抱っこをしていたい猫ですが、ふわふわの見た目に反して中身はずっしり。抱っこに耐えられなくなるのは、飼い主のほうかも？

毛種	長毛種
原産国	アメリカ
体重	4.5〜9kg
毛色	シール（ブラック）／チョコレート／レッド／ブルー／ライラック／クリーム

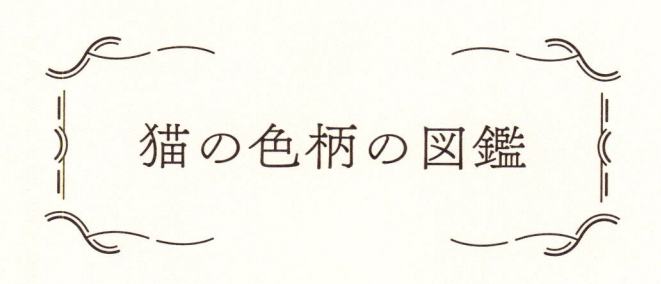

猫の色柄の図鑑

品種にはくくられない、
主に「ミックス」や「雑種」と呼ばれる猫たちにも、
色や柄のバリエーションはさまざま。
猫の数だけある色柄の、
主な種類についてご紹介しましょう。

キジトラ

これぞ猫の元祖！ 茶×黒のしま模様

　すべての猫の毛色は黒、茶、白の 3 色のみ。これらが組み合わさってさまざまな模様を作り出しています。キジトラの毛は 1 本のなかに黒と茶が入っている「アグチ毛」と呼ばれるもの。そのため、全体的には茶の地色に黒のしま模様が入って見えます。この模様は野生において周囲に溶けこむことができる保護色で、猫の祖先種にもっとも近いと言われています。鳥のキジや同じネコ科のトラの模様と似ているため、「キジネコ」「トラネコ」とも呼ばれます。

性格の傾向 ── 野生に近い模様だけに、
　　　　　　　　ワイルドで好奇心旺盛。運動神経もよい傾向。

肉球 ──────── 黒／濃茶

白い毛に
キジトラ模様のブチ

バリエーション

　キジトラ×白の毛色をもつ猫は「キジ白」または「キジ
ブチ」と呼ばれます。キジトラ×茶は「キジサビ」(p.103)、
キジトラ×茶×白は「キジ三毛」です。

キジトラと茶と白の３色

茶トラ

明るい茶のしま模様は家畜化の証（あかし）

　茶トラは全身茶の毛色をもつ猫です。毛は茶一色ですが、濃い茶と薄い茶が交互に現れることでしま模様ができます。明るい毛色のため自然界ではかなり目立ってしまいますが、それもそのはず、茶トラは猫が家畜化されてから突然変異で発生し、増えてきた模様なのです。人とのかかわりが茶トラを生み出したと思うと感慨深いですね。また、遺伝的に茶トラになるのはオスが多いため、「茶トラには大柄な猫が多い」という印象があるようです。

性格の傾向 ── 温厚で人なつっこい猫が多い傾向。
　　　　　　　食いしん坊というウワサも。

肉球 ────────── ピンク 🐾

茶×白の毛色をもつ猫は「茶白」や「茶ブチ」と呼ばれます。全体的に色が濃くてしま模様が薄く見えるのは「レッド」、全体的に色が薄い猫は「クリーム」とも。

白い毛に茶トラ模様のブチ

色が濃いめ

全体的に色が薄い

サバトラ

どこか上品な銀×黒のしま模様

　銀の地色に黒のしま模様が魚のサバに似ていることから「サバトラ」と呼ばれています。サバトラの毛は、実はキジトラと同じ、1本に黒と茶が入っているアグチ毛です。キジトラとの違いは、I遺伝子をもっていること。I遺伝子はアグチ毛の黄色の色素を抑える働きがあるため、黒のしま模様はそのままに、茶色だった地色は銀色に見えるのだとか。日本に多くいたキジトラと外来の猫との交配により誕生したと言われています。

性格の傾向 —— キジトラに近い性格とも言われ、
　　　　　　警戒心が強くなる場合と、
　　　　　　人なつっこくなる場合があるよう。

肉球 ———————— 黒／あずき色

白い毛に

サバトラ模様のブチ

》 バリエーション 《

純粋なサバトラよりも、白い毛をもつ「サバ白」のほうが多いとの説も。白い毛の範囲が広い場合は「白サバ」とも呼ばれます。

しま模様がグレー

白黒

白×黒のツートンで魅せる

　白と黒の毛色をもつ白黒は、シンプルなカラーだけに模様の個性が際立ちます。白色と黒色が入る割合はさまざまで、頭だけ黒い猫は「かつら」、胸元や足先だけが白い猫は「タキシード」、顔が八の字柄の猫は「ハチワレ」など、模様をたとえた愛称は日々更新中。猫の色や模様の入り方には法則があり、「色は体の上のほう（頭や背中）からつく」「鼻周りや頭には色が出やすい」と言われています。これはどの猫も共通なのですが、「なぜそうなった？」というようなユニークな模様が多いのはダントツで白黒。その光る個性が魅力です。

性格の傾向 ── 黒い毛が多いと黒猫のように人なつっこく、
　　　　　　　　白い毛が多いと白猫のように慎重になるとも。

肉球 ─────── ピンク／ブチ模様

黒の割合が多め

96

白の割合が多め

》 バリエーション 《

白い毛が40%未満は「ローグレード」、40〜60%未満は「バイカラー」と呼ばれ、頭、背中、しっぽにかけて黒い毛に。白い毛が60%以上は「ハイグレード」で、黒ブチの模様になります。

三毛

黒×茶×白の3色の毛をコンプリート！

三毛はその名のとおり、3種の毛をもつ猫。純粋な黒い毛をもつ、黒×茶×白の「黒三毛」（左イラスト）のほかに、キジトラのように1本の中に黒と茶が入るアグチ毛をもつ、キジ×茶×白の「キジ三毛」がいます。どちらも3種の毛は混じり合うことなく、境界ははっきりしているのが特徴ですが、キジ三毛は黒色の部分にしま模様が入っているので、ソフトな印象。色の割合や濃淡、配置、しま模様の有無により多彩な表情を見せてくれるのが三毛の魅力です。遺伝的にメスが多く、オスの三毛は稀少です。

性格の傾向 ── ほとんどがメスなので、
自立心があり、クールという印象。
ツンデレ猫も多い!?

肉球 ──────── ピンク／ブチ模様

黒三毛でも茶色の部分にしま模様が出ることも。白色が多く、茶色と黒色が少ない「トビ三毛」、全体的に色が薄い「パステル三毛」など、三毛の模様は多種多彩です。

茶色にだけしま模様

全体的に色が薄い

黒色と茶色がとびとび

サビ

黒×茶の2色で作る魅惑のまだら模様

　サビは黒と茶の2種類の毛色をもつ猫。黒色と茶色は混在し、まだら模様になっています。日本ではこの模様を金属にできる「さび」とたとえていますが、英語圏では「トータシェル」と言い、べっこうにたとえられています。ときには渋く、ときには華やかに、さまざまな表情を見せてくれるのは、まだら模様の魅力と言えるでしょう。三毛と同じように、黒い部分が真っ黒の毛の場合と、黒い部分がキジトラと同じアグチ毛の場合があり、後者は「キジサビ」と呼ばれ、しま模様が入ります。

性格の傾向 ── 三毛同様、遺伝的にほとんどがメスのため、自立心、警戒心が強い傾向に。

肉球 ── ピンク／ブチ模様

全体的に黒っぽい

全体的に
茶色っぽい

黒色の割合が多い猫は「黒サビ」、茶色の割合が多い猫は「赤サビ」と呼ばれます。また、顔の中心で黒色と茶色に分かれている「ブレイズ」も多く見られます。

半分ずつの顔

黒色と茶色

白

神秘的な美しさの全身白一色！

全身が白い毛に覆われていて、黒や茶の毛は1本も生えていない白猫。白猫のもつW遺伝子は、メラニン色素を作る細胞を欠乏させるため、黒や茶の毛の遺伝子をもっていても色素が作られず白い毛になります。オッドアイが多く、聴覚障害が出やすいのもW遺伝子の特徴です。自然界で生き抜くには不利となる遺伝子にもかかわらず、もっとも優先される遺伝子で、両親どちらかが白猫なら子猫も高確率で白猫になるというから不思議です。また、遺伝子に関係なく、突然変異で色素をもたずに生まれる「アルビノ」と呼ばれる白猫もいます。

性格の傾向 ⸺ 自然界では標的にされやすいため
　　　　　　　　注意深くおとなしいと言われる一方、
　　　　　　　　野性味が薄く甘えん坊の傾向も。

肉球 ⸺⸺⸺ ピンク 🐾

黒

いつの時代も人を惹きつける黒一色

　白や茶の毛、しま模様も入っていない、全身が黒一色の黒猫。メラニン色素の量が多いためひげも黒っぽく、目の色はイエローやゴールド、グリーンなど濃いのが特徴です。人と黒猫の歴史は古く、日本最古の飼い猫の記録（平安時代初期の『寛平御記』）に登場するのは黒猫。海外でも神話などに登場しています。しかし、国や時代によって不吉な動物と迫害されたり、逆に幸運の象徴とされたり、黒猫の歴史は実に波瀾万丈。それだけ存在感があり、人を惹きつけて止まない猫ということでしょうか。

性格の傾向 ── 穏やかで人なつっこい猫が多い反面、
　　　　　　　　自然界で目立つ色のせいか怖がりな一面も。

肉球 ── 黒／あずき色

グレー

ミックスではめずらしい？ 品のよいグレー

　海外では「ブルー」と呼ばれ、純血種ロシアンブルー（p.62）などに見られる人気の毛色。黒と白の毛が混ざっているわけではなく、1本1本の毛がグレーになっています。基本的には黒、茶、白しかない猫の毛がグレーになるのは、毛の色素を薄くする遺伝子（ダイリュート遺伝子）が働いているから。つまり、黒猫がダイリュート遺伝子によりグレーに変化したというわけです。ダイリュート遺伝子は劣性のため、自然繁殖では発生確率が低いためか、ミックスではあまりお目にかかれません。

性格の傾向 ── 黒猫ゆずりの穏やかさはあるものの、
　　　　　　　　黒猫よりも警戒心が強く繊細とも。
肉球 ───────── あずき色 🐾

色柄・模様のいろいろ

偶然にしてはできすぎな愛すべき模様の数々。
ユニークなその見た目はミックスならでは！

紳士のたしなみ

ひげ

白ひげ、口ひげ、ちょびひげ。本物のひげがあるにもかか
わらず、ひげ模様までゲットした猫様は無敵の貫禄。

》 ほくろ 《

鼻や口周りにポツンと出ることの多い模様。ほくろと見るか、鼻くそと見るかは飼い主さん次第。

顔の印象を左右する

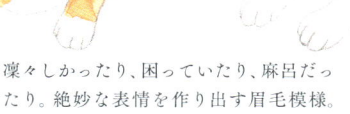

》 眉毛 《

凛々しかったり、困っていたり、麻呂だったり。絶妙な表情を作り出す眉毛模様。おもしろさ余ってかわいさ100倍！

個性派カットで
視線をくぎづけ

》 前髪 《

猫は頭の上に色が出やすいため、
ナイスなヘアスタイル模様をもつ
猫は多いもの。七三、センター分け、
ぱっつん前髪も。

小物使いの上級者

》 ぼうし 《

頭と耳に色がついた猫耳ぼう
しから、頭頂部だけ丸く色が
ついたベレー帽など、みんな
違ってみんなおしゃれ。

謎に包まれた素顔

》 マスク 《

顔が白色であることが前提のぼ
うしに対し、目の下まで色が入っ
ているのがマスク。ハチワレは
マスクか前髪か迷うところ。

》 カメのこうら 《

白地に黒のブチ模様は、別名「牛猫」
と呼ばれますが、まさかの「カメ猫」
も登場。白黒模様は奥が深い。

見つけたらラッキー

》 ハートマーク 《

ハートの形のブチ模様は、まる
で神様からの贈りもの。両足を
そろえるとハートマークが出て
くる、隠れハートをもつ猫も。

116

おしゃれは足元から

》 くつ下 《

白色は足、おなか、背中と下側からつくので、
足先が白い「くつ下」猫は多いもの。白の分量
によりハイソックス、レギンスタイプも。

首元華やぐ

》 バンダナ 《

首回りの白い毛は形によって印象
がガラリと変わります。しっかり
三角形なら「バンダナ」、丸みがあ
れば「よだれかけ」。

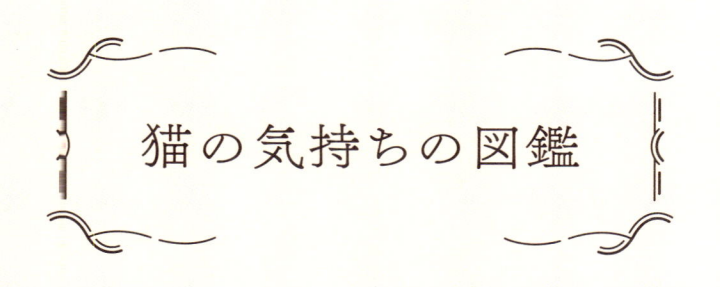

猫の気持ちの図鑑

猫は、人間のように笑ったり
泣いたりといったことはできません。
でもしぐさや表情によ〜く注目してみてください。
確実に気持ちが表れているはず。
そんな猫の気持ちを解き明かしていきましょう。

ゴロゴロ

ごきげん

リラックスしているときや満足しているときに出すゴロ
ゴロ音。実は猫には聞こえていないという説も。猫にとっ
て大切なのは音より振動で、まだ視覚・聴覚が発達してい
ない子猫と、母猫はゴロゴロの振動でコミュニケーション
をとると言います。ゴロゴロが自然治癒力を高めるという
研究もあり、具合が悪いときにゴロゴロ言うことも。まだ
まだ謎が多く、今後の研究が楽しみな行動です。

肛門が見えるくらいしっぽをピンと立てて近づいてくるのは、甘えモードのとき。生後間もない子猫は、母猫にお尻をなめてもらうことで排泄が促されるので、母猫のそばでは「しっぽピン！」がお決まりのポーズ。それが定着し、甘えたいときやおなかがすいたときなど要求があるときはもちろん、親愛の情を表すときにはしっぽが立ってしまうのです。

しっぽピン！

［ ごきげんななめ ］

シャー

　その顔つきを見れば不機嫌なのは一目瞭然。「シャーッ」とか「フーッ」は、相手を威嚇し遠ざけようとするときの行動です。鋭いキバを見せるのは「このキバでやっちまうぞ！」というサイン。でも内心怖くて強がっている場合が多いもの。なかには間髪入れず猫パンチが出る強者もいますが。

「シャー」とは逆に、すました顔をしていてもイライラがしっぽに出てしまうときがあります。1秒間隔くらいでしっぽを左右にブンブン振っていたら、それはイライラしている証拠。さらにイライラが増すと、しっぽを床や壁にバンバン叩きつけることも。そんなときは、触らぬ猫に祟りなし。そっとしておいてあげましょう。

しっぽ
ブンブン

好き♡

まばたき

こちらを見つめながらゆっくりまばたき。猫のこんなしぐさは愛情表現だと言われています。眠いだけのようにも見えますが、出会ったら目をそらすのがマナーの猫界において、目を合わせてくるのも、目をつむるのも、相手を絶対的に信頼しているからこそ。親愛の情があることは間違いありません。

［ ラブ〜♡ ］

すり
すり

　なんともかわいい猫のすりすり行動。物理的に言えば、おでこや口の両端、あご下などにある臭腺をこすりつけて自分のにおいをつけているだけの行動になります。でも、自分のにおいをつけるのは、「これ、わたしのもの！」と主張しているから。つまりはこれも愛（独占欲？）ゆえなのです。

毛づくろい

リラックス

　1日のうち3〜5割は毛づくろいに費やすという猫。被毛を清潔に保つ、体温を調節するなどの意味がありますが、猫にしてみれば「なんか落ち着く〜」とペロペロしているのかも。母猫になめられていた幸せな記憶を求め、緊張すると自分でペロペロ。ほかの猫や飼い主さんにも、愛情表現でペロペロとなめます。

遊ぼうぜ

ゴロン

　近づいてきてゴロンとおなかを見せるのは、猫の「遊んで」サイン。猫同士ではスルーされることもありますが、飼い主さんには効果てきめんの必殺技。「遊ばないの？遊ぶよね？」と言いたげな視線に勝てる人はいないかも。

［ 安心 ］

　猫は座っていても気を抜いているとは限りません。足裏が地面についているときは、いつでも動き出せる警戒態勢です。前足を折り曲げている「香箱座り」は、リラックスしている証拠。頭の位置が高いため少し警戒心はあるものの、そのままウトウトする猫も。

香箱座り

しっぽは猫の俊敏な動きを支えるバランサー。警戒時には、大事なしっぽも体に巻きつけ守ります。これなら踏まれる心配もありません。さらに警戒心の強い猫は、肛門の下にしっぽを敷いて座り、自分のにおいが地面につかないようにするのだとか。しっぽ収納にも個性ありですね。

警戒中

しっぽ巻きつけ

【 やる気満々！ 】

おしり
ふりふり

姿勢を低くしておしりをふりふり。これは、狙いを定めているときに見られる行動。獲物に飛びかかる前、タイミングを合わせているのです。猫じゃらしで遊んでいるときによく見られますが、飼い主さんに向かってふりふりしているときもあるのでご注意を。

俺のもの！

バリバリ爪とぎ

爪とぎは、ただの爪のメンテナンスにあらず。爪や足裏にある臭腺をこすりつける、マーキングも兼ねているのです。爪とぎ器を用意していても部屋のあちこちでバリバリするのは、自分のにおいをつけて安心したいから。なわばりの危機を感じると多発します。

猫は無表情？　いえいえ、
感情によって表情ががらっと変わります。

平常時

　　　猫の表情を読み取るには、目（とくに瞳孔の大きさ）、耳、ひげに注目。
平常時には、瞳孔は中くらいの大きさで、耳は正面を向いて立ち、ひげは
自然と下に垂れています。総じて落ち着いて見えるでしょう。

怖い

　興奮しアドレナリンが出ていて、瞳孔はまん丸。状況を見極めようと目を見開きます。耳、ひげは防御のために後ろに倒れます。

興味津々

　瞳孔は普通の大きさか興奮気味なら丸くなります。音をよく聞こうと耳はピンと立てて興味のある方向へ向け、ひげは前に出して情報収集。

攻撃的

　目は大きく見開いていても、瞳孔は丸くなるのが特徴。口元に力が入るのでひげはピンと張り、耳はピンと立ちます。

警戒

　瞳孔は興奮度によって変わりますが、目は見開き、ひげは前向きの状態。警戒すると耳は半分倒した「イカ耳」状態に。

猫語の図鑑

16種類以上はあると言われている猫の鳴き声。代表的な10種をご紹介。

＼ ニャ ／

やぁ

親しい人には短く鳴いてごあいさつ。呼ばれたときの返事で「ニャ」と答えることも。

＼ ウニャウニャ ／

おいしい♪

食事中にこぼれてしまう鳴き声。「うまい、うまい」と聞こえることも。

＼ ニャオー ／

おねが〜い

「おなかがすいた」「開けて」など、飼い主さんにおねだりするときは甘い鳴き声で。

＼ ……（無音）／

甘えたい♡

口を開けて鳴くフリをしているとき、子猫が母猫を呼ぶときの超音波が出ています。人には聞こえないけど、甘えたいときの行動です。

＼ フー（息）／

安心

緊張がとけたときに出る、安堵のため息。鼻から大きく「フー」と出ます。

フー！（シャー）

こっち来んな！

恐怖や怒りを感じたときの、威嚇の鳴き声です。

カカカッ

ミャ〜オ〜

やんのか〜

ケンカをする前は、低い声で鳴いて相手を威嚇。相手が恐れて逃げてくれたらラッキー。

ギャアア！

やめろ！

恐怖や痛みを訴えるときは、オーバー気味に絶叫します。

飛びかかりたい！

獲物を見て興奮したときに出る声。「クラッキング」とも呼ばれますが、発声のしくみは謎。

ニャオ〜ン

恋した〜い

発情期に相手の猫を誘う鳴き声。大声でアピールします。

きぶんの図鑑

飼い猫には4つのきぶんがあり、コロコロ入れ替わっているのです。

／ 遊ぼうよ！＼

／ 安心〜 ＼

子猫のきぶん

鳴いて飼い主さんに要求したり、一緒に遊びたがったりするのは、子猫きぶんのとき。飼い猫は、大人になってもずっと子猫きぶんをもち続けます。

飼い猫のきぶん

野生では見ない安心しきった姿をしている猫は、飼い猫きぶん満喫中。おなかを出して仰向けで寝る無防備な姿は飼い猫ならでは。

野生のきぶん

飼い主さんに飛びかかったり、夜中に走り回ったりするのは、野生の本能のしわざ。飼い猫とはいえ、まだまだ野生の本能は残っているのです。

親猫のきぶん

完全に庇護下にある飼い猫でも、突如お世話したいスイッチが入ることがあります。獲物をとって見せたり、グルーミングをしてくれたりするのは親猫のきぶん。

\ 面倒みなきゃ /

本能がうずうず！

137

猫の行動の図鑑

猫と暮らしていると「どうしてこんなことをするの?」と
思うことが多々あるでしょう。
ふしぎに思ったり、ときに悩まされたりする猫の行動の秘密、
その真相やいかに?

仕事の邪魔をする

忙しいときに限って存在をアピールするのは、飼い猫によく見られる行動。でも猫に「邪魔をする」なんて考えは毛頭ありません。単純に「遊んで！」とサインを送っていたり、「どうしたの？」と心配（と好奇心？）で様子を見にきていたり。自分の気持ちに忠実なだけ。結果「邪魔……」となってしまうのは仕方ありません。

つぶらな瞳で見てくる

普段は飼い主さんの気配を感じつつも知らんぷりを決め込む猫。あえて目の前にきて見つめるのは、要求があるのかも。それとも愛情表現（p.124）？

ゴロン

パソコンの上で

おなかを見せて寝転がるのは、遊び
に誘うサイン（p.127）。たまたま飼い
主さんの視界に入る場所がパソコン
の上だっただけ。

狭いところに
入るのが好き

　袋や段ボールを見つけると、入らずにはいられないのが猫。野生では穴蔵や岩場の隙間をすみかとしていたので、「体がすっぽり包まれる暗くて狭い場所＝居心地がよい場所」とインプットされているのです。狭ければ狭いほど守られている感じがして安心するようです。

気がつくと入ってる

鍋にみっちり猫が入っている「猫鍋」。
多少狭かろうが穴の形に合わせて入れ
るのは、柔軟な体をもつ猫ならでは。

ぎゅうぎゅうでも入る！

トイレ後の
ハイテンション

　トイレに行ったあと、嬉々として走り出したり、猛烈に爪をとぎはじめたり、大声で鳴いたりすることがあります。通称「トイレハイ」（ウンチのとき限定なので「ウンチハイ」とも）。排泄中は無防備になるため、警戒＆興奮スイッチがオンになるという野生の習性が原因とも考えられますが、その真意はまだ解明されていません。

用を足したあとの
謎の猛ダッシュ！

猫だんご

　なぜ一緒に暮らす猫たちはひとかたまりになるのか。それは、くっついていると温かいから（猫は寒がり）。みんなその場所が好きだから（平和的妥協案？）。安心するから（モフモフのそばは安全って子猫のころから知っている）。どれも当てはまるような気がしますが、理由はどうあれ、猫だんごは仲よしの証拠。

仲がいいほど寝相や行動もシンクロ。猫は親猫やきょうだい猫の行動を見て生きる術を学ぶので、親しい猫のまねをする習性があるのです。

広いスペースが あるのに どうして くっつくの？

猫の集会

公園や空き地に猫が集まり、しばらく過ごしたあと、各々散っていく。謎が多い猫の集会ですが、一説では同じ地域で暮らす猫たちのメンバー確認の場と言われています。狭い都会に住む猫たちはテリトリーを共有しています。「無駄なケンカを避けるため、顔だけは知っておこう」という猫流のゆるいご近所づきあいなのかも。

数匹で寄り添う猫もいれば、1匹でたたずむ猫も。集会での過ごし方はさまざま。繁殖期にはメスをめぐる争いもありますが、基本的には距離を置き平和的に過ごします。

猫草大好き

　先の尖った草をムシャムシャ食べる猫。肉食なのになぜ？　と思うかもしれませんが、草を食べることによって胃が刺激され毛玉を吐き出せる、食物繊維やビタミンが取れる、ストレスが発散できるなどの効果があると考えられています。猫にとってサプリメントのようなものでしょうか。でも、消化はできないので食べ過ぎは禁物。

夢中で食べてる

「猫草」として主に売られているのは、「燕麦」というイネ科の植物。興味を示さない猫には無理矢理与える必要はありません。

上から
見てくる

　高いところに陣取って周囲を見渡す猫。いつもより堂々として見えるのは気のせい……ではありません。高いところにいれば、防御も攻撃も有利なので、猫界では「高所にいる者＝立場が上」という暗黙のルールがあります。高いところで安心しつつも、「おれのほうが上だぜ」という優越感に浸っているのではないでしょうか。

なんか**偉そう**

猫の高いところ好きは、野性時代から培われてきたもの。そこに足場があれば登らずにはいられません。

寝相の図鑑

1日の3分の2は寝ている猫。
睡眠中もさまざまな寝相で人を魅了します。

気温で変わる
寝相バリエーション

猫は人間と同じ恒温動物ですが、体温調節はあまり得意ではありません。そのため気温の変化にはとても敏感。寝ているときも気温によって寝相が変わります。丸まったり伸びたり、さて、今の気温は？

ぬくぬく…

15度未満

寒いときは足や頭をたたんで、くるりときれいに丸くなり、体の熱を逃がさないようにします。

スヤァ…

15〜22度

猫が快適に感じる気温。体は自然に開いている状態。

だら〜ん

23度以上

暑いときは冷たい床などに体をべったりとつけ、伸びた状態で熱を放出。「猫の液状化」と言われます。

その他の
寝相バリエーション

ＺＺＺ…

うとうと…

ごめん寝

前足で顔を覆い、謝っているように見える寝相。周囲がまぶしいときによく見られます。「ごめん寝」ならぬ「まぶしい寝」とも。

お尻を
くっつけて寝る

お尻をつけて寝るのは、その相手を
信頼し、無防備な背後を預けている
ということです。「安心だ寝」、「仲よ
しだ寝」なのです。

スフィンクス座りで寝る

足裏を床につけ頭は高い位置にある通称「スフィ
ンクス座り」で寝るのは、周りを警戒している証
拠。名づけるなら「すぐ動ける寝」でしょうか。

猫のある日の1日

ある飼い猫の1日を見てみましょう。猫は夜行性ですが、飼い猫は人のスケジュールに合わせて生活します。それでも、かつて狩りをしていた朝と夕方にはハンター魂がムクリ、ひとり運動会がスタート。猫の睡眠時間は 12 〜 20 時間と言われ、昼間はほとんど寝ていることも。

6:30
ごはん
飼い主さんが起床し、お待ちかねの朝ごはん。運動後のカリカリにご満悦。

5:00
起床からの運動会
おはよう。朝日と共に起床。ハンターの血が騒ぐのか、ごはんの催促をかねた運動会を開催。

24:00
就寝
飼い主さんをベッドで待つが、力尽きて就寝。おやすみなさい。

23:00
甘々タイム
ソファの上で飼い主さんになでられながら、ゴロゴロまったり。

21:00
夜の運動会
猫じゃらしで遊んでいたら覚醒！ 家中、ダッシュ＆ジャンプ！

8:00 寝る

誰もいなくなった部屋で、のんびりお昼寝タイム。お気に入りの場所へそそくさ。

7:30

お見送り

外出準備中の飼い主さんを楽しくストーキングするも、玄関でお別れ。いってらっしゃーい。

9:30 外の観察

にぎやかな外の音につられて、窓際に移動。よそ者はいないかチェック。

10:00 寝る

外を観察しつつ、そのうちうとうと……。天気がいいと、眠いな〜。

12:00 ごはん

置いてあるカリカリをちょい食べ。食べない日もある。

13:00 寝る

場所を変えて再びお昼寝。季節ごと時間ごとに心地よい場所を心得ている模様。

18:00

お出迎え&ごはん

飼い主さんの足音をキャッチ！ドアが開くと「ごはーん(にゃ〜ん)」コールでお出迎え。

17:00 パトロール

なわばりに異変がないか、各部屋をチェック。何か出てきそうな予感？ときおり爪とぎをしてマーキング。

猫の好きな場所カタログ

室内飼いの猫は、「楽しい」も「安心」も
すべて家の中に。

猫 × テレビ

動体視力のよい猫。テレビはコマ送りの
ように見えているようで、その不思議な動
きに思わず凝視する猫が続出。じゃれつ
くことも。動物番組に反応する猫も多く、
室内飼いの猫には刺激的？

猫 × 専用ベッド

自分のにおいがついた専用ベッドは猫の安住の地
です。だからこそ、こだわりが強いもの。でも、高価
なベッドは見向きもせず、段ボールに固執する飼い
主泣かせの猫も多数。

猫 × カーペット

カーペットがある場所、そこはプレイスポット。フローリングよりも走りやすく、潜ってよし、爪をといでよし、寝てよし。カーペットを最大限に活用できるのは、猫なのかもしれません。

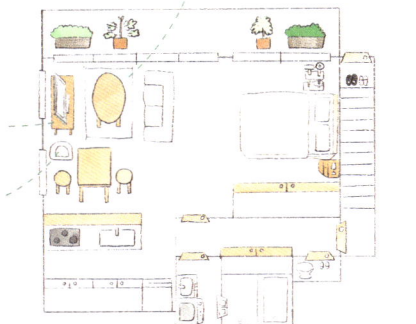

猫 × 窓ぎわ

窓の外の世界は猫にとってワンダーランド。行き交う車を眺めたり、たまにくる小鳥や虫に興奮したり。晴れた日には日光浴もできます。キャットタワーがあれば、さらに居心地のよい場所に。

猫 × 蛇口

流れる水の動きが楽しいのでしょうか。器に入れた水は飲まないのに、蛇口から出る水には目がない猫は多いもの。猫の貴重な給水スポットです。

猫×人間ベッド

猫は飼い主さんのベッドも大好きです。飼い主さんのにおいに包まれて安心するのか、のびのびと真ん中を占領。飼い主さんが寝るのはすみっこ、そんな光景が日常茶飯事。

猫のコミュニケーション図鑑

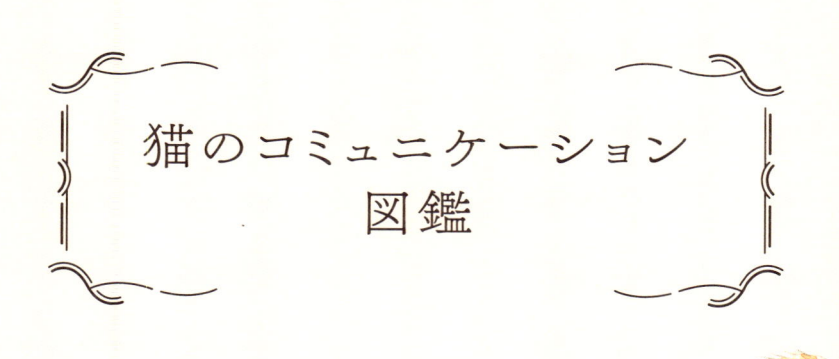

猫同士の関係や、猫と人間との関わり方など、
猫のさまざまなコミュニケーションを見ていきましょう。
猫と愛し愛される関係を築きたいならば、
嫌われないスキルをぜひ身につけたいものです。

猫ミュニケーション

孤高でいて平和主義、
あっさりだけど愛にあふれた猫同士のおつきあい術。

友好的

はじめまして

こんにちは

君はどんな子？

鼻ちゅー

群れをなさない猫たちの関係性は流動的。そのときどきで優劣も入れ替わる、一期一会のおつきあいです。友好的に接したいときは、まず「鼻ちゅー」でごあいさつ。顔周りのにおいを嗅いでお互いにどんな猫なのかを確認します。

おしりクンクン

「鼻ちゅー」のあとは、さらなる情報収集に進むことも。首、脇腹、最終的にはおしりのにおいを嗅ぎ合います。実はこの間にも優劣の攻防戦が密かに行われ、弱者と認めたほうが先におしりのにおいを嗅がせます。

敵対関係

ケンカしたく
ないな

逃げたほうが
身のためだぞ

おれは
強いぞ

ケンカしたく
ないな

にらみ合い

猫は基本的に平和主義。なわばりがかぶっていても先着順で譲
り合います。どうしても白黒つけたいときはケンカになりますが、
どちらの猫も戦いたくないのが本音。多くの場合、にらみ合い、
うなり合いで威嚇して自分を強く見せ、相手が逃げていくように
仕向けます。どちらかが逃げ出せば試合終了です。

引くに
引けない…

もう戦うしか
ない…

わが子を
守らなきゃ

なわばりに
入るな!

取っくみ合い

猫にだって譲れない戦いがあるのでしょう。にらみ合いで決着が
つかないときは、猫パンチからの取っくみ合いに発展。でも、と
ちらかがうずくまったら試合終了。それ以上手出しをしないのが
ルールです。ケンカの理由はなわばり争いや、発情期のオス同士
の争い、メスはわが子を守るためにケンカをすることも。

親子

仲よく飲むのよ

猫のおっぱい

生まれたばかりの子猫は、目が開いていないため嗅覚と触覚のみがコミュニケーションツール。においとぬくもりを頼りに母猫のおっぱいを探します。また、きょうだいとのケンカを避けるため、生後3日までには自分専用の乳首を決めるそうです。

おっぱい
どこかな？

ぼく専用の
おっぱいだぞ

引っ越し
しないと

迷子に
ならないで

おとなしく
したがいます

首根っこをつかむ

子猫が迷子になったとき、高い声で「みゃーみゃー」と鳴いて母猫を呼びます。それを聞きつけた母猫は、子猫を連れ戻します。こうした移動時や巣を引っ越しするとき、母猫は子猫の首筋をくわえて運びます。すると子猫はじっとおとなしくなるのです。このような猫の習性やルール、生きる知恵は、生後2か月までに母猫から学びます。

子猫同士のじゃれ合い

子猫同士が大人の猫のように取っくみ合いをしていることがありますが、これはケンカではありません。きょうだい猫とのじゃれ合いは、狩りのレッスンであり、猫社会のルールを学ぶ場でもあるのです。それぞれの遊びには意味があり、遊びを覚える順序も決まっています。

やるかー？

遊ぼうぜ

成長とともに
進歩する子猫の遊び

1 日齢21〜23日
ひっくり返る
ごろんと仰向けになり前足や後ろ足で宙をかく、遊びに誘う行動です。

2 日齢32日
横飛び
相手に対して横向きになり、飛んだり近づいたり。敵対する猫から離れる動きです。

4 日齢35日
まっすぐ立つ
後ろ足を伸ばして、相手の側で威嚇をするようにまっすぐに立ちます。

3 日齢33〜35日
襲いかかる
相手に飛びかかるようになり、狩りの動作をするように。身を低くしておしりをフリフリする行動も。

5 日齢38〜41日
追いかける
追いかけ回して襲いかかります。追い手は交互にチェンジ。この時点では、追いかけっこのみで終了します。

6 日齢48日
取っくみ合い
相手に飛びかかり、猫パンチ、猫キック、最後は首に甘噛み。

多頭飼い

相性GOOD

◎ **親猫×子猫**

親離れ、子離れの必要がなく、ずっと仲よしでいられる組み合わせ。

◎ **メス猫×メス猫**

オスほどなわばり意識が強くないので、平和的に暮らせる可能性大。

○ **オス猫×メス猫**

相性はいいほうですが、子猫を望まないなら避妊去勢が必須。

◎ **子猫×子猫**

お互いに遊び相手になり、きょうだいのように育つかも。

好き好き♡
超大好き!

相性の良し悪しがある

飼い猫は、食事を奪い合う必要がないとはいえ、なわばり意識は健在です。年齢や性別によっては多頭飼いには向かない組み合わせも。でも、実際に仲よくできるかどうかは、やはり個体差があるので暮らしてみないとわかりません。

相性BAD

×　オス猫×オス猫

なわばり意識が強いため、ちょっとしたことでケンカ勃発!?

△　老猫×子猫

子猫パワーが老猫に吉と出るか凶と出るか。ダメージを受ける老猫も。

あっち
行けー!

猫に好かれる人、嫌われる人

猫を愛でる前に、猫に愛でられる人になりたいとは思いませんか？

猫に好かれる人

物腰が
やわらかい

動きが
ゆっくり

物静か

猫をほうって
おける

猫の好みの決め手はルックスでも性格でもなく「安全性」。
自分に危害を加えなさそうな、静かで物腰がやわらかく、
ある程度の距離をとってくれる人が好かれる傾向に。

猫に嫌われる人

しつこく
触る

声が
大きい・低い

無理やり
触る

動きが予想
できない

香水が
きつい

危険を感じさせる人は避けます。声が大きい人や、子ども
のように急に走ったり触ったりする人は危険人物と認定。
また嗅覚が鋭いので香水をつけている人も苦手です。

猫と仲よくする

仲よくなれる決定権は猫に。どうしたらこっちを向いてくれるかな?

猫と仲よくなるには?

猫は相手が人でも猫でも、おつきあいの仕方は同じ。相手を危険と感じれば逃げるし、安全とわかれば興味を示してくれます。安全認定されるには存在に慣れてもらうしかありません。必要以上に近づかず、猫から近づいてくるのを待ちましょう。どれくらいの時間がかかるのか、それは猫次第です。

POINT

- 大きな声を出さない
- あせらないで待つ
- 無理やり近づかない
- 目を合わせすぎない
- 距離感を保つ

猫が指に鼻ちゅーをしてきたら慣れてきた証拠かも。指を出して確認してみましょう。

猫のかまってサイン

猫が心を開いてきたら、あなたにサインを送ってくるはず。
なかにはわかりにくいものもありますが、「かまってサイン」を
見逃さずに応えてあげることができれば、仲が深まるはずです。

なてるとゴロスリ

「気持ちいい〜、もっとなでて」のすりすり。存分になでてあげましょう。

猫パンチのあとの逃走

猫パンチは「遊ぼう」、逃走は「追いかけてきて」。追いかけっこのお誘いです。

突然のゴロン

遊んでほしいとき、かまってほしいときのポーズ。おなかをなでてほしいわけではありません。

ものを落とす

単に楽しんでいる場合もありますが、飼い主さんの反応を待っている可能性も。

呼ぶとくる

呼ぶとくるのは、「何かいいことがある」と学習しているから。期待に応えてあげましょう。

ひざにのる

甘えモードのとき。もしくは「こっち見て」と注意を引きたいのかも。

作業の邪魔をする

→p.140

すりすり

パンチ！

ゴロン

ゴロゴロ
ゴロゴロ

耳の後ろ

あごの下

首筋

　人になでてもらうのは、猫同士のグルーミングと一緒。猫になったつもりで、猫が自分では届かない場所をなでてあげましょう。耳の後ろや額、あごの下、首筋は指の腹でかくようにすると気持ちよさそうにします。背中は毛並みに沿って。でも、しっぽをパタパタしだしたら「そろそろやめて」のサインです。

額

背中

下半身

ここはなでるのNG

● しっぽ ● 足先

傷つくと動きに支障が出る（＝狩りができなくなる）、猫にとって大切な場所。痛みにも敏感なので無理に触るのはやめましょう。

猫を惹きつける遊び

猫にとっては狩りこそが遊び。獲物の動きをリアルに再現してあげましょう。

かくして遊ぶ

カーペットや毛布の下でじゃらし棒を動かし、かくれている虫の動きを再現。新聞紙ならカサカサ音も出て注目度アップ。

地面をはわせる

ネズミや虫が逃げるがごとく、緩急をつけてジグザグに動かして。猫から遠ざけるように動かすと思わず足が出る!?

飛ぶように
動かす

羽がついたじゃらし棒なら、鳥
の羽ばたきを再現。地面にはわ
せてからのジャンプで、猫も一
緒にジャンプ！

おもちゃいろいろ

猫のおもちゃは種類がいろいろ。猫によって好みもいろいろ。
マイブームもいろいろ。

じゃらし棒に音の出るボール、ネズミや魚のぬいぐるみ、猫はさまざまなおもちゃにハマっては飽き、飽きてはハマっての繰り返し。どんなに高いおもちゃを買ってきても、結局トイレットペーパーの芯や段ボールにたどり着く……、それもまたよし。

おやついろいろ

さまざまな種類がある猫のおやつ。
必死におやつを食べる猫を愛でるのも至福です。

カリカリ

ごはん用のドライフードでも
おなじみのドライタイプ。1
粒ずつあげられて便利。

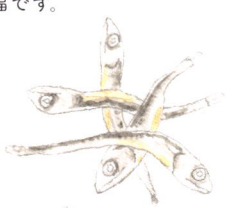

にぼし

栄養たっぷりだけど、過剰摂
取は病気の原因になるので
注意。猫専用を選んで。

ジャーキー

お肉を乾燥させたおやつ。肉
食の本能を刺激。

ペースト

猫人気はナンバーワン!? 水
分補給にも役立ちます。

カニかまスライス

あげるなら猫専用のものを。
本物のカニや人間用のカニ
かまはNG。

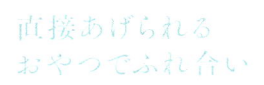

直接あげられる
おやつでふれ合い

　おやつは栄養ではなく、人とのコミュニケーションツール。手からおやつをあげるという触れ合いを通して、猫と仲よくなりましょう。ただし、あたえ過ぎには注意。猫のおやつは1日の総カロリーの1〜2割までに。

外で出会える猫たち

外で猫を見つけると
ちょっとした幸せを拾ったきぶん。
だから今日も無意識に猫探し。

ふらっと訪れた喫茶店で猫と出会う喜び

お店と猫

猫がいるカフェ「猫カフェ」もいいけれど、カフェや喫茶店にいる猫「カフェ猫」との出会いはまた格別。カフェに限らず、看板猫がいる商店は、なわばりにお邪魔させてもらっているかのような特別感がたまりません。

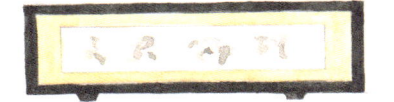

旅館やホテルで
看板猫をしていることも

宿泊施設と猫

1匹の支配人ならぬ支配猫がいる宿から、数匹の猫がおもてな
しをする（かもしれない）宿まで、個性あふれる「猫の宿」。そ
れぞれの猫のストーリーを旅先で聞くのも楽しみのひとつ。

神社仏閣と猫

「神様の使い」や「幸運の象徴」とも言われる猫は、神社仏閣との縁
が深く、猫を祀る神社やお寺ともあります。また、猫たちが集まっ
てきて、のんびり過ごしている神社仏閣も。そんな場所で偶然出
会う猫は、どこか神秘的に見えるから不思議。たまに手水舎で水
を飲んでいたり、賽銭箱に乗ったりするバチあたりな行動も？

島と猫

もしかしたら島民より猫のほうが多い、そんな「猫島」と呼ばれる場所では、生き生きとした猫の姿を見ることができます。漁港でおこぼれを待っていたり、道ばたで自由気ままにくつろいでいたり。人と猫が上手に共存する、ここは猫の楽園？ いや、人にとっての楽園かも。

のびのびと過ごす
猫たちに癒される

Epilogue

猫を愛でることこそ人生！

　たとえば猫を飼っていると、生活のすべてが猫中心になります。猫のごはんのために早起きし、猫の体を思いやって病院に通い、猫に喜んでもらうためにおもちゃやおやつを買い与え……、猫のしもべと化します。

　　　　たとえば猫を飼っていなくても、道ばたで猫を見つけようものなら飛びついて触り、旅先でも猫スポットがあれば迷わず立ち寄り、買いものでも猫の柄やモチーフのものをつい選んでしまう……。飼い猫はいなくても、生活のなかでの猫要素を探してしまうのです。

　とにかく猫好きというのは、常に猫に触れていたい（物理的にも精神的にも）人種。猫を愛でることが、人生のすべてといっても過言ではありません。

　たとえ冷たくされても、仕事の邪魔をされても、噛まれても関係なし、すべての猫に「ありがとう」と伝えたい。ですから、この文章が猫のしっぽで読みにくくたって、まったく気にしませんよね？

監修者　山本宗伸（やまもとそうしん）

日本大学獣医学科外科学研究室卒業。小学生の頃に授乳期の仔猫を保護したことがきっかけで猫に魅了され、獣医学の道に進む。都内猫専門病院で副院長を務めた後、ニューヨークの猫専門病院 Manhattan Cat Specialists で研修を積む。国際猫医学会 ISFM、日本猫医学会 JSFM 所属。猫にまつわる書籍の監修、著書多数。

絵　イデタカコ

イラストレーター。東京在住。猫のイラストをメインに、雑誌・書籍などで活躍。透明水彩で描く淡く優しい雰囲気のイラストを得意とする。著書に『描いて楽しい なぞり猫』（成美堂出版）『わたしだけの 猫刺繍』（成美堂出版）など。
Instagram @takakoide22
Web https://www.takakoide.com

STAFF

本文デザイン・DTP	柴田紗枝（monostore）
執筆協力	高島直子
校正	夢の本棚社
編集協力	永渕美加子・竹田知華（株式会社スリーシーズン）
編集担当	齋藤友里（ナツメ出版企画株式会社）

いとしの猫図鑑（ねこずかん）

2024年12月5日　初版発行

監修者	山本宗伸（やまもとそうしん）	Yamamoto Soshin,2024
絵	イデタカコ	©Ide Takako,2024
発行者	田村正隆	
発行所	株式会社ナツメ社	
	東京都千代田区神田神保町1-52　ナツメ社ビル1F（〒101-0051）	
	電話　03-3291-1257（代表）　FAX　03-3291-5761	
	振替　00130-1-58661	
制作	ナツメ出版企画株式会社	
	東京都千代田区神田神保町1-52　ナツメ社ビル3F（〒101-0051）	
	電話　03-3295-3921（代表）	
印刷所	広研印刷株式会社	

ISBN978-4-816-7633-7
Printed in Japan

ナツメ社Webサイト
https://www.natsume.co.jp
書籍の最新情報（正誤情報を含む）は
ナツメ社Webサイトをご覧ください。

本書に関するお問い合わせは、書名・発行日・該当ページを明記の上、下記のいずれかの方法にてお送りください。電話でのお問い合わせはお受けしておりません。
・ナツメ社webサイトの問い合わせフォーム
　https://www.natsume.co.jp/contact
・FAX（03-3291-1305）
・郵送（左記、ナツメ出版企画株式会社宛て）
なお、回答までに日にちをいただく場合があります。正誤のお問い合わせ以外の書籍内容に関する解説・個別の相談は行っておりません。あらかじめご了承ください。